I0058798

A la imaginación.

Porque siempre la necesitaremos.

Robonauts® de NASA. RX78® de Sunrise Inc. PICO® de Sandia National Labs. Industrial Robot de Kuka® Robotics. HEXBUG®es una marca comercial de Innovation First Labs. Algunas fotos y su información son propiedad de su respectivo autor, fabricante y/o propietario de los derechos. Son citados en este libro debido a su relación o relevancia. La información y nombres de marcas usados aquí, son únicamente para propósitos educativos y para preservar la información de los robots, para futuras generaciones.

Derechos de Autor 2013
Por:
     Latin-Tech Inc
WWW.LT-AUTOMATION.COM

Todos los derechos reservados. Ninguna parte de este libro puede ser reproducido, almacenado en un sistema recuperable, transmitido, traducido en cualquier forma o por cualquier medio, electrónico, mecánico, fotocopia, grabación u otro sistema, sin un consentimiento previo de Latin tech Inc.

ISBN: 978-1-943141-08-1
PH: 305 848 3517 USA
PH: +57 312 840 5570 COL

f Robot Story

Miami, FL, USA

Tabla de contenido

Robots Famosos de la TV

Los siguientes Robots son famosos, porque han aparecido de forma regular en series de Televisión.

Hemos tratado de dar el nombre del primero (persona o empresa) que desarrolló el concepto o el nombre del Robot.

Algunos personajes están basados en una serie de libros, así que el escritor de los libros es considerado el creador del Robot.

En otros casos, cuando el Robot es concebido por el diseñador **industrial**, ingeniero o artista de una empresa, aunque la empresa es la dueña de los derechos, al diseñador se le considera como el creador del Robot.

Rosie
Los Supersónicos
ABC, Hanna Barbera
1962

Rosie es un Robot Criada en el hogar de la familia Sónico. Fue contratada inicialmente como el ama de casa de la familia Sónico, pero muy pronto se volvió parte de ella.

Ella es muy buena para preparar deliciosos postres y otros platillos que le encantan al jefe del padre de la familia, Súper Sónico.

No tiene piernas. En vez de eso tiene una rueda que le permiten moverse muy rápido.

Aunque Rosie es un modelo viejo, la familia nunca la reemplazó por un nuevo Robot.

Astroboy
ABC, Osamu Tezuka Fuji
1963

Astroboy es un Robot creado por un renombrado científico llamado Dr Tenma, para llenar el lugar de su hijo, quién murió en un accidente.

Astroboy tiene muchos poderes.

Los usa para proteger a MetroCity, la ciudad donde humanos y Robots conviven armonicamnte.

Bender

Futurama
Fox, Matt Groening
1999

Bender es un Robot capaz de **doblar** metales, que fué fabricado en México.

Su nombre completo es Bender Bending Rodríguez.

Bender se comporta **inapropiadamente**. Le gusta decir mentiras. También le gusta apostar, fumar y beber.

El necesita alcohol, como el combustible para operar.

Gir

Invasor Zim
Nickelodeon, Johnen Vasquez
2001

GIR es un Robot sacado de la basura y ensamblado con partes usadas y de **repuesto,** para ayudar a un **alienígena** llamado Zim.

No es muy listo.

Le gusta comer comida **chatarra**, especialmente Tacos. Usa un **disfraz** verde, que lo hace lucir como un perro. Aunque hace muchas cosas que los perros no pueden hacer.

X-J9
Mi vida como un Robot adolescente
Nickelodeon, Rob Renzett
2003

El Robot X-J9, también conocida como Jenny, fue creada por el Doctor Wakeman para proteger la Tierra.

Puede expresar emociones como **felicidad** y **tristeza**.

Jenny tiene muchas **armas** y dispositivos.

Además, de la vida normal que ella desea vivir con sus compañeras de clase, tiene que combatir con muchos **villanos**.

Esta página se ha dejado
intencionalmente en blanco

Cuerpo

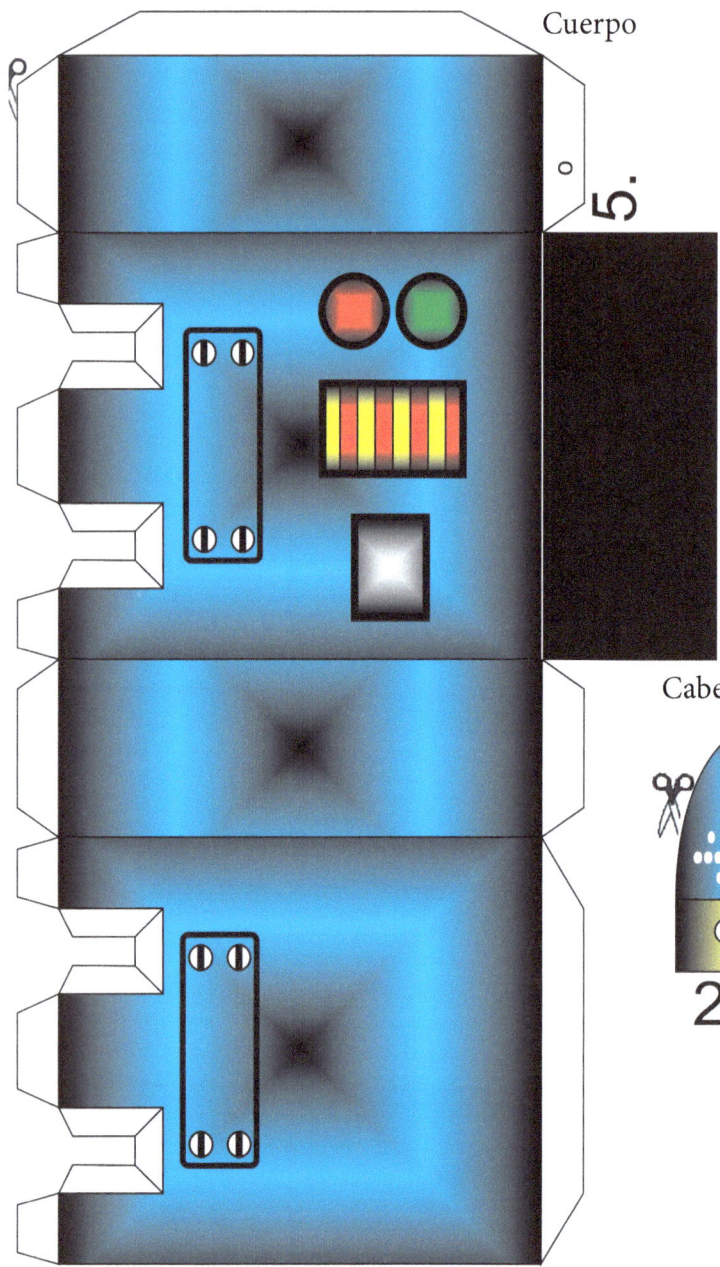

5.

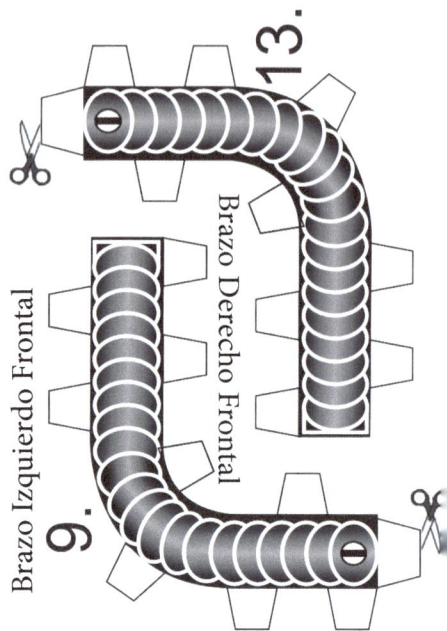

13.

Brazo Derecho Frontal

Brazo Izquierdo Frontal

9.

Cabeza Parte Posterior

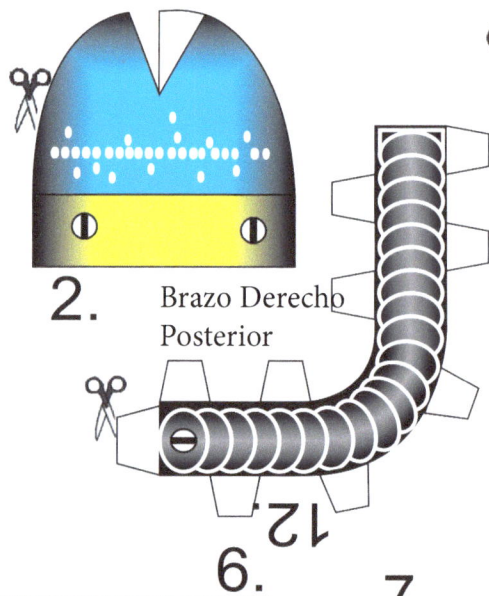

2.

Brazo Derecho
Posterior

12.

6.

Cuerpo Inferior

7.

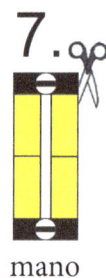

mano

Cabeza Parte Superior

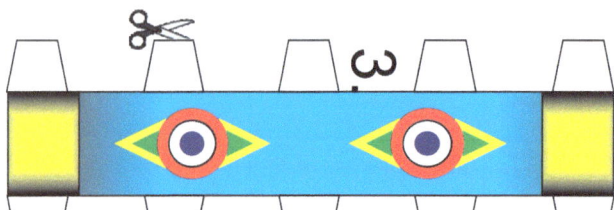

3.

CTA

Latin
Tech

Para ordenar más robots de papel o libros contactar a sales@latin-tech.net

Si necesita ayuda, envíe un email a sales@latin-tech.net

8.

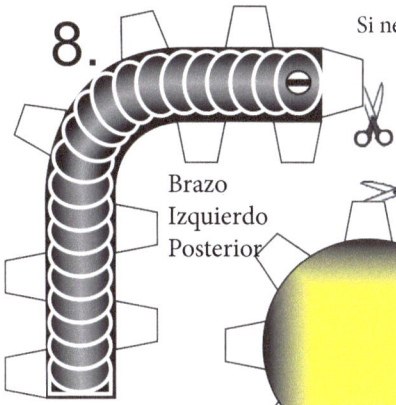

Brazo
Izquierdo
Posterior

Cabeza Parte Frontal

1.

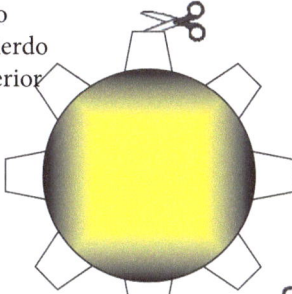

Base de
la Cabeza

Mano

11.

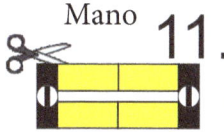

17.20

14. **10.**

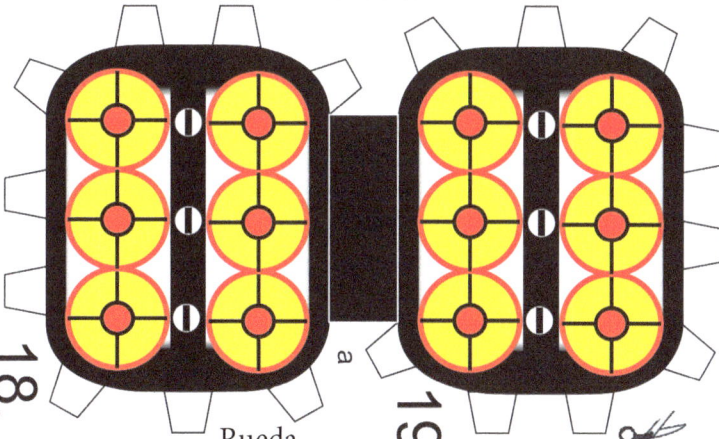

18.

Rueda

19.

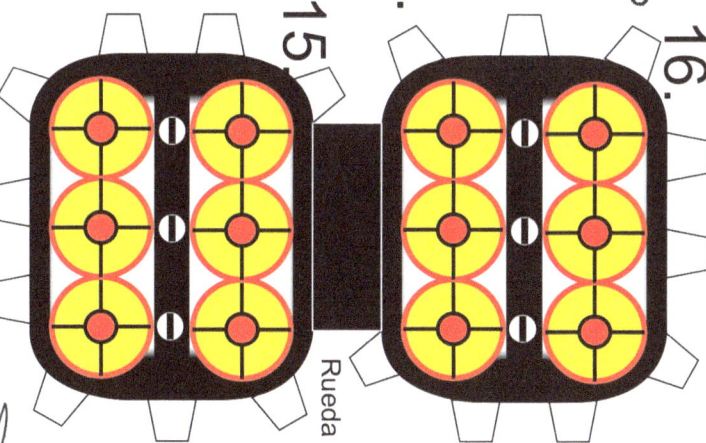

15.

Rueda

16.

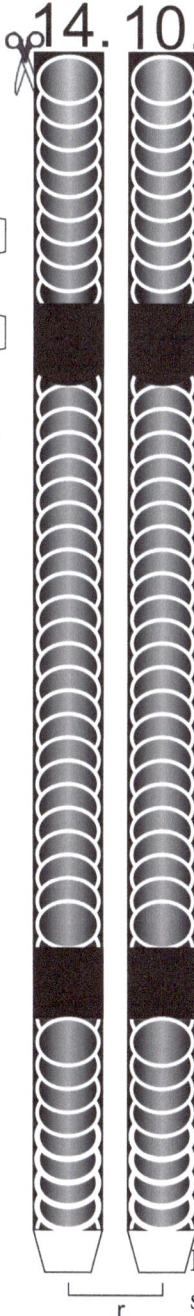

En marcha

Cuello

4.

Para ordenar más robots
de papel o
libros contactar a
sales@latin-tech.net

Brazos parte
superior

r

Esta página se ha dejado
intencionalmente en blanco

Goddard

Jimmy Neutrón
Nickelodeon / Jhon A. Davis, Keith
2006

Este perro Robot fue creado por Jimmy Neutron, un niño genio, quién es un **inventor** muy activo.

la mayoría de las **invenciones** de Jimmy no funcionan. Goddard es uno de los inventos exitosos de Jimmy.

También es su mejor amigo.

Goddard tiene muchas capacidades técnicas: una **pantalla** en su pecho y un **proyector** de video en sus ojos.

El puede transformarse en una **hoverbike**.

Puede explotar y **re-ensamblarse** por sí mismo.

Thrasher y Blastus
Robotomía

Cartoon Network / Michael Buckleavy Joe Deasy
2010

Thrasher y Blastus son dos Robots adolescentes, que van a la escuela secundaria en el planeta Insanus.

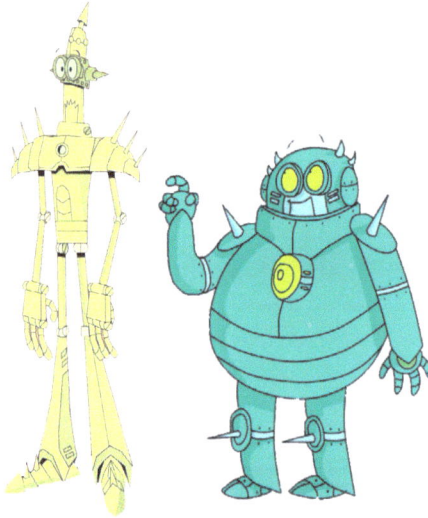

En este planeta, cada Robot debe ser un asesino y tener buenos sentimientos es considerado algo malo.

Thrasher es un Robot alto, que está enamorado de una Robot muy popular de la secundaria llamada Maimy.

Blastus es un Robot gordo, que hace muchas cosas sin pensar.
Él solamente quiere ser **popular**.

Dalek
Doctor Who
Terry Nation y Raymond Cusick
1963

Los Daleks son mutantes protegidos por un **encapsulado** metálico hecho de Dalkanium. Vienen del planeta Skaro.

No tienen sentimientos, en especial **remordimiento,** cuando se trata de **eliminar** todo tipo de formas de vida.

Siempre dicen "**EXTERMINAR**" cuando aparecen en algún lugar.

Los Daleks tienen armas especiales para destruir cosas: Un rayo de la muerte y un brazo **telescópico**, que puede ser usado para leer mentes, conectarse a otros dispositivos tecnológicos o medir la inteligencia de alguien.

Cyber-Hombres
Doctor Who
Kit Pedler y Gerry Davies
1966

Los Cyber-hombres son parte humanos y parte Robots, por eso son también conocidos como Cyborgs.

Son del planeta Mondas el cuál, en el pasado, era un planeta hermano de nuestro hermoso planeta tierra.

Los Cyber-hombres eran seres humanos, pero empezaron un proceso de reemplazar partes de sus cuerpos con sistemas mecánicos.

Estos Cyborgs no tienen emociones, pues piensan que es un símbolo de debilidad.

Quieren llevarse a todos los humanos a su planeta y convertirlos en Cyber-hombres.

Rediseño de los Cyber-hombres
2006

El Modelo B9 es un Robot **ambiental** desarrollado para ayudar a la familia Robinson, a bordo de la nave espacial Júpiter 2.

El Robot está armado y capacitado para resolver los múltiples problemas que tiene que enfrentar la familia durante su viaje.

Su mejor amigo es William, el más joven de los niños de la tripulación.

Se puede mover por medio de ruedas, conversar, reir y también puede hacer **cálculos**. Usa sus sensores para detectar problemas y peligro.

Rem
La fuga de Logan
CBS, William F. Nolan
1977

REM es un viejo Robot androide de 200 años. Es muy inteligente y está encargado de reparar y dar mantenimiento a otros Robots.

La mayoría de los humanos en Stone City perecieron, pero los Robots continuaron manejando la ciudad.

Algunos de estos Robots capturaron a Logan y a Jessica, quiénes huyeron de un lugar donde los humanos tienen que morir cuando alcanzan los 30 años de edad.

REM los **rescató**, y juntos, continuaron su búsqueda de un lugar llamado Santuario, donde podrían vivir más tiempo.

Twiki
Buck Rogers en el siglo 25
NBC, Glen A. Larson
1979

Este pequeño androide es un "Ambuquad". Es un tipo de Robot especial que trabaja en minas espaciales.

Twiki entiende el lenguaje humano, pero para hablar usa un sonido especial.

Cuando hace algo y se comunica a otros Robots, pronuncia algo como:

"Biddi- Biddi- Biddi."

Twiki es el **asistente** del Doctor Teópolis, un computador que está **ensamblado** en un pequeño disco.

Debido a que el Doctor Teópolis no se puede mover, Twiki lo trasporta en su pecho a todos los lugares.

Vicki
La Pequeña Maravilla
20Th Century Fox ,Howard Leeds
1985

El nombre de esta androide se forma de las letras iniciales, de las palabras en inglés: **V**oice **I**nput **C**hild **I**denticant: VICI. Pero a todos les gusta llamarla Vicki.

Fue creada por el padre de la familia Lawson, quién es un **ingeniero** que trabaja para la empresa Robotronics.

La familia decidió mantenerla como un secreto y por eso la **adoptaron** como un miembro más.

Vicki obtiene su energía de una batería **atómica** interna. Es muy fuerte y corre super rápido. Luce como una niña de 10 años. No es capaz de expresar emociones..

Robots para chicos

Data
Stark Trek
CBS, Gene Roddenberry
1987

Data es un androide con capacidades computacionales muy poderosas, pues tiene un cerebro **Positrónico**. Está interesado en entender el **comportamiento** humano.

Es capaz de sentir y detectar. Con la ayuda de un circuito integrado, puede desarrollar emociones. Es parte de la **tripulación** del Enterprise.

¿Recuerdas las siguientes palabras?

"Espacio: la frontera final. Estos son los viajes de la nave espacial Enterprise. Su misión continua: explorar nuevos mundos, encontrar nuevas vidas y nuevas civilizaciones. Debe llegar valientemente a donde jamás ha llegado el ser humano".

Vocabulario

Disfraz: Cambiar la apariencia externa.

Doblar: Que se le puede dar curva.

Encapsulado: Una cubierta externa.

Ensamblado: Poner las partes o piezas todas juntas.

Exterminar: Matar o destruir todo.

Felicidad: El sentimiento cuando se está feliz.

Hoverbike: Bicicleta voladora que usa aire en vez de ruedas.

Inapropiadamente: Que no está bien. Que no es adecuado.

Industrial: Hecho del trabajo de una fábrica o industria.

Ingeniero: Persona que diseña, construye o da mantenimiento a máquinas o estructuras.

Adoptaron: Hacer legalmente parte de la familia.

Alienígena: Forma de vida de otro planeta.

Ambiental: Relacionado con el ambiente o con la naturaleza alrededor.

Armas: Cualquier instrumento usado para pelear o cazar.

Asistente: Alguien que ayuda en un trabajo dado.

Atómica: Que obtiene su energía del átomo.

Cálculos: Operaciones matemáticas. Entendiendo los riesgos.

Villanos: Personas crueles o que hacen el mal.

Chatarra: En la comida, algo que no es saludable.

Comportamiento: La forma en que una persona actúa hacia las otras.

Invención: Algo nuevo que nadie ha visto o hecho antes.

Inventor: Persona que hace inventos o cosas nuevas, no conocidas anteriormente.

Pantalla: Equipo con una superficie que muestra gráficos, textos, imágenes y videos.

Popular: Algo o alguien que todo el mundo conoce, gusta o aprecia.

Positrónico : En cerebros de robótica, el computador central que controla al robot. Similar al cerebro humano.

Proyector: Dispositivo que usa un rayo de luz para mostrar información, una imagen, etc sobre una superficie.

Rediseño: Hacer una nueva versión o diseño.

Re-ensamblarse: Una vez las partes son separadas, acción de unirlas otra vez.

Remordimiento: Un sentimiento se sentirse mal por haber hecho algo malo o equivocado en el pasado.

Repuesto: Parte de reemplazo usada para reparar equipo dañado.

Rescató: Acto de salvar o ser salvado del peligro.

Telescópico: Secciones de forma de tubo, diseñadas para que deslicen una dentro de la otra.

Tripulación: Grupo de personas que dirige y controla una nave.

Tristeza: Sin felicidad.

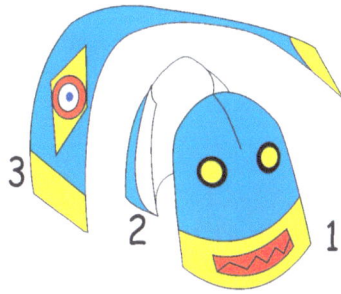

RT

3

2

1

4

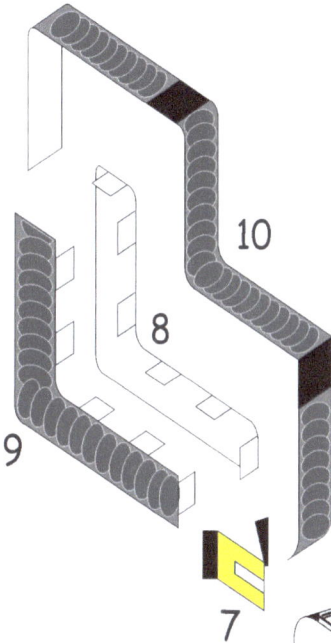

10

8

9

7

5

6

14

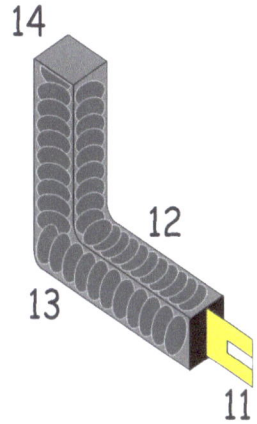

12

13

11

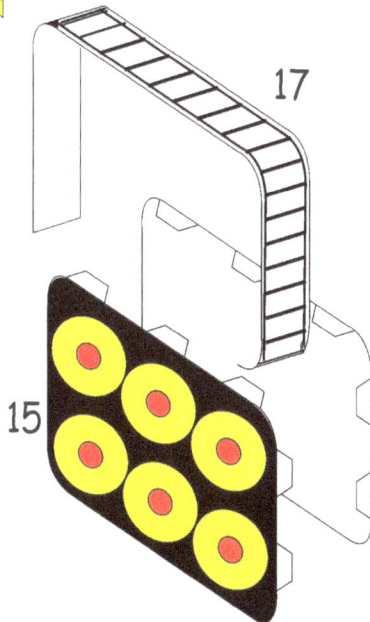

17

15

16

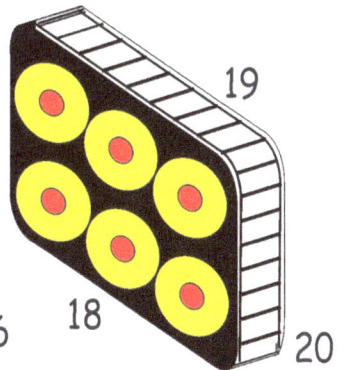

19

18

20

¿QUIERES APRENDER ROBÓTICA?

CURSOS VIRTUALES
2 VECES POR SEMANA
6-17 AÑOS

TEORÍA Y PRÁCTICA
GRUPOS REDUCIDOS
SIN TAREAS

CURSOS

CONCENTRACIÓN ⚙
LECTURA ⚙
ELECTRICIDAD ⚙
ELECTRÓNICA ⚙
MECÁNICA ⚙
MECATRÓNICA ⚙
ROBÓTICA ⚙
MAGIA ⚙
MATEMÁTICAS ⚙
MEDICINA ⚙
CANTO ⚙
AGROECOLOGÍA ⚙

VENTAJAS

▸ DESDE EL CONFORT DE SU HOGAR
▸ A SU PROPIO RITMO
▸ CON MATERIAL PARA PRÁCTICAS
▸ GRUPOS DE CHICOS CON EDADES SIMILARES

COMBATIMOS

▸ AUTO ESTIMA
▸ DÉFICIT DE ATENCIÓN
▸ DESMOTIVACIÓN
▸ ADICCIÓN A VIDEOJUEGOS

VIDEOS

ELECTRICIDAD

EXPERIMENTOS

NASA

COMPETENCIAS

VIDEOS

MATEMÁTICAS

LECTURA

CANTO

NUESTRA WEB

sales@latin-tech.net
📞 +1 305 742 7565 ENGLISH
📞 +1 305 848 3517 ENGLISH

contacto@innovention.us
📞 +57 312 840 5570 ESPAÑOL

www.ingramcontent.com/pod-product-compliance
Lightning Source LLC
Chambersburg PA
CBHW052047190326

41520CB00034BA/216